BEI GRIN MACHT SICH IHR WISSEN BEZAHLT

- Wir veröffentlichen Ihre Hausarbeit,
  Bachelor- und Masterarbeit

- Ihr eigenes eBook und Buch -
  weltweit in allen wichtigen Shops

- Verdienen Sie an jedem Verkauf

Jetzt bei www.GRIN.com hochladen
und kostenlos publizieren

Bernd S. Wolff

Paris als Global City

GRIN Verlag

Bibliografische Information der Deutschen Nationalbibliothek:

Die Deutsche Bibliothek verzeichnet diese Publikation in der Deutschen National-
bibliografie; detaillierte bibliografische Daten sind im Internet über http://dnb.d-
nb.de/ abrufbar.

Impressum:

Copyright © 2001 GRIN Verlag GmbH
Druck und Bindung: Books on Demand GmbH, Norderstedt Germany
ISBN: 978-3-656-08982-7

Dieses Buch bei GRIN:

http://www.grin.com/de/e-book/7852/paris-als-global-city

Paris als Global City

von

Bernd S. Wolff

Institut für Geographie
Universität Stuttgart

Seminar zur Regionalen Geographie

Frankreich

PARIS ALS "GLOBAL CITY"

SS 2001

Bernd Sebastian Wolff

Studiengang Diplomgeographie
8. Semester

Inhaltsverzeichnis

1 Zur Definition von Global Cities

"Global Cities sind zentrale Standorte für hochentwickelte Dienstleistungen und Telekommunikationseinrichtungen, wie sie für die Durchführung und das Management globaler Wirtschaftsaktivitäten erforderlich sind. In ihnen konzentrieren sich tendenziell auch die Konzernzentralen insbesondere von Unternehmen, die in mehr als einem Land tätig sind."[1]

"Beyond their sometimes long history as centers for world trade and finance, some cities now function as command points in the organization of the world economy, as sites for the production of innovations in finance and advanced services for firms, and as key marketplaces for capital."[2]

1.1 Stadtentwicklung im Zeitalter der Globalisierung

"Globalisierung ist ein dynamischer Prozess, der, ausgelöst durch Änderungen der politisch-ökonomisch-technischen Rahmenbedingungen, die wirtschaftliche Bedeutung nationaler Grenzen geringer werden lässt. Die hierdurch ausgelöste Intensivierung des internationalen Wettbewerbs führt zu einer intensiveren Nutzung der Möglichkeiten internationaler Arbeitsteilung. Hierduch verbessert sich der weltweite Einsatz der Ressourcen laufend, es entstehen neue Chancen und Risiken."[3]

Unter dem Begriff der Globalisierung können somit weltweite Verflechtungen zusammengefaßt werden. Regionalisierung und Lokalisierung beziehen sich dementsprechend auf regionale bzw. lokale Verflechtungen und Entwicklungen.

---

[1] SASSEN, S. (1996): S. 39
[2] SASSEN, S. (1991): S. 337 f.
[3] KOCH (2000): S. 5

Globalisierung bedeutet allgemein:[4]

- Zunehmender Wettbewerb
- Spezialisierung und Konzentration
- Zunehmende Transparenz
- Beschäftigungswirkungen
- Verteilungsprobleme
- Auswirkungen auf die Umwelt

Der Hauptgrund für die Veränderungen, die durch die Globalisierung entstehen, liegt im technischen und ökonomischen Wandel. So stellt KORFF fest: "Globalisierung ist mit der Entstehung neuer Technologien verbunden."[5]

Globalisierung - auf wirtschaftliche Abläufe bezogen - bedeutet, daß diese mit zunehmender Internationalisierung immer weiter standardisiert werden. Das wirft die Frage auf, ob Städte mit globaler Bedeutung - Global Cities - auch Entwicklungen ähnlich einer "Standardisierung" unterworfen sind. Zu diesem Sachverhalt gibt es zwei entgegengesetzte Standpunkte.

1.2 Konvergente oder divergente Stadtentwicklung?

In den 70er Jahren lebte eine Kontroverse darüber auf, „...ob global gesehen Wachstum und innere Differenzierung der Städte *kulturabhängig oder kulturunabhängig* vor sich gehen."[6]
Die Diskussion ist aufgrund der Komplexität des Themas der Stadtentwicklung heute immer noch nicht abschließend geklärt. Dies zeigt sich in zwei entgegenstehenden Thesen.[7]

---

[4] KOCH (2000): S. 89 ff.
[5] KORFF (1996): S. 120
[6] HOFMEISTER (1996): S. 3
[7] vgl. STRATMANN (1999): S. 124 f.

1.2.1 Die Konvergenzthese der Stadtentwicklung

Die Konvergenzthese der Stadtentwicklung geht davon aus, daß alle Metropolen der Welt dieselben Entwicklungsstadien durchlaufen und sich schließlich mehr oder weniger gleichen. Diese Entwicklung ist dabei von den Ausgangsbedingungen, vor allem was den kulturellen Hintergrund betrifft, unabhängig.

Die Grundlage dieser These bezieht sich auf die durch die Industrialisierung und gesellschaftliche Modernisierung ausgelösten Prozesse, insbesondere die zunehmende globale Verbreitung gleichartiger Technologien, die Abhängigkeit vom Weltmarkt, die standardisierenden Effekte der internationalen Arbeitsteilung und der globalen Kapitalflüsse.

1.2.2 Die Divergenzthese der Stadtentwicklung

Die Divergenzthese der Stadtentwicklung hält dagegen die Entwicklung von Städten in erster Linie für ein kulturabhängiges Phänomen. Jeder Kulturraum besitzt eine spezifische, einzigartige historisch-kulturelle Entwicklung. Deswegen wird es nach dieser These nicht zu einer weltweit gleichartigen Entwicklung der Stadtstruktur kommen.

Offensichtliche Ähnlichkeiten von Städten beruhen demnach auf unterschiedlichen, nicht sichtbaren, aber umso bedeutsameren Prozessen, Mechanismen und Strukturen ökonomischer, sozialer, politischer und institutioneller Art. Man kann daher aus einem ähnlichen Erscheinungsbild von Städten nicht automatisch auf eine sich angleichende Entwicklung schließen.

1.2.3 Anmerkungen zu den Thesen von Konvergenz und Divergenz

Allgemein gilt, daß die Entwicklung von Städten und Gesellschaften in enger Beziehung zueinander steht. Umstritten ist aber der Umfang und die Bedeutung der kulturellen Besonderheiten und deren Auswirkungen auf die Entwicklung von Städten und Gesellschaften.

Das Modell einer weltweiten Konvergenz mit verschiedenen Stadien der Stadtentwicklung wird von manchen Autoren mit der Evolutionstheorie von Charles Darwin verglichen. Danach werden sich die Entwicklungsländer mitsamt ihren Metropolen langfristig zu modernen, westlichen industrialisierten Gesellschaften entwickeln. Dabei werden nur die Städte und Gesellschaften "überleben", die sich den veränderten globalen Rahmenbedingungen anpassen können ("survival of the fittest").

Dieser Position steht das Argument entgegen, daß die kulturellen und historischen Besonderheiten und Eigenheiten der Länder so heterogen sind, daß es nicht zu einer voraussagbaren Entwicklung in bestimmten Phasen kommen muß. Doch selbst wenn einzelne Länder die gleichen Phasen durchlaufen sollten, sind die Auswirkungen in Grad und Ausmaß maßgeblich geprägt vom jeweiligen Kulturraum und schon aus diesem Grund unterschiedlich.

2 Paris - eine Global City?

2.1 Paris als städtisches Zentrum

"Paris ist keine einfache Hauptstadt, es ist eine *hypercapitale*. Es ist eine Hauptstadt in jedem Sinne des Begriffs"[8]

Die Agglomeration Paris ist mit über 10 Millionen Einwohner (1995) der größte Verdichtungsraum Frankreichs und hat fast siebenmal soviele Einwohner wie der nächstgrößte Raum Lyon (knapp 1,6 Mio Einwohner).[9] Solche Primatstadtstrukturen sind in den westlichen Industrienationen beispiellos und finden sich sonst nur in bestimmten Entwicklungsländern.

Die Rolle, die Paris im Verbund weltweiter Städtenetzwerke einnimmt, kann man nicht mit absoluter Genauigkeit und Gültigkeit festmachen, sondern nur anhand

---

[8] zitiert nach BRÜCHER (1992): S. 57

einiger ausgewählter Sachverhalte exemplarisch für die Bedeutung als Global City untersuchen und verdeutlichen.

Im Netzwerk weltweiter Flugverbindungen zwischen den Metropolen nimmt Paris den Status einer "Major World City" ein (→ Abbildung 1).

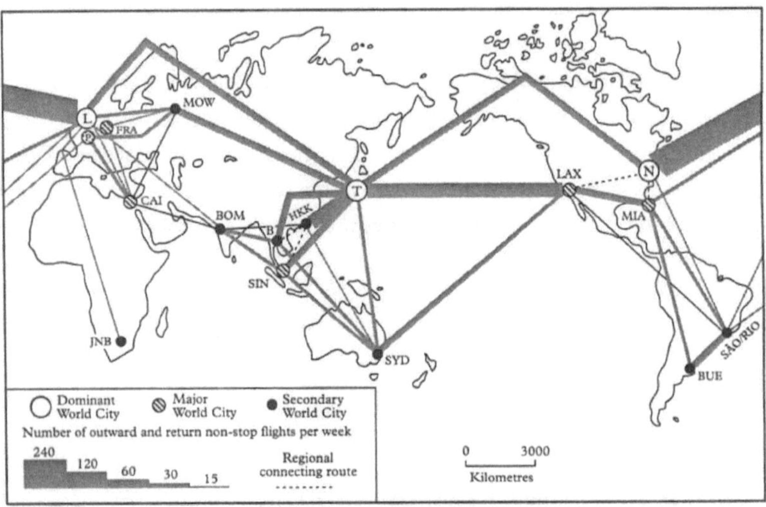

Abbildung 1: Dominant linkages in the global airline network[10]

Paris lag 1992 nach der absoluten Anzahl von Non-Stop-Flügen pro Woche zu den bedeutenden Weltstädten hinter London und New York auf Platz Drei, noch vor Tokyo, Frankfurt und Miami. Bei internationalen Flügen ist allerdings Afrika hinter innereuropäischen Zeiten bereits der zweitwichtigste Anflugspunkt. Der Grund ist hier im historischen Kontext (Kolonisierung Afrikas) und dem heute immer noch weitverbreiteten französischen Einfluß (Kultur, Sprache, Politik) zu sehen.

"Yet Paris has only 19 non-stop flights per week to Tokyo and only 58 non-stop flight each week to New York. These data suggest that Parisian connectivity relates more

---

[9] vgl. CHRISTADLER / UTERWEDDE (1999): S 582
[10] Quelle: KEELING (1995): S 123

8

to historic colonial, cultural, and political ties than to contemporary economic central and mediary functions."[11]

Die absolute Zahl der Verbindungen ist daher nur im Zusammenhang mit der Bedeutung ihrer jeweiligen Ziele aussagekräftig. Paris hat aufgrund der geringeren Bedeutung afrikanischer Städte im internationalen Städtenetzwerk zum jetzigen Zeitpunk einen gewissen Bedeutungsnachteil gegenüber anderen Global Cities.

In Europa bildet Paris nach London bereits den zweitgrößten Verdichtungsraum, mit deutlichem Abstand zu den nächstkleineren Agglomerationen.

2.1.1 Zentrum und Umland

Die Wohnbevölkerung der Stadt Paris nimmt schon seit den zwanziger Jahren kontinuierlich ab; der Rückgang beträgt vom Maximum dieser Zeit fast ein Drittel.[12]
Dagegen konnten die Agglomeration Paris und die Region Ile-de-France insgesamt stark an Bevölkerung gewinnen, wobei die Wachstumsimpulse primär von dem sich rasch industrialisierenden Vorstadtgürtel ausging.[13]
Ein Grund für die dynamische Entwicklung liegt zunächst in der Errichtung von Entlastungsstädten in den 60er und 70er Jahren, den sogenannten "Villes Nouvelles". Das im Rahmen des damaligen Stadtentwicklungsplanes formulierte Planungsziel war, neben der "Sicherung der Stellung von Paris als Weltmetropole durch eine Reihe von Großprojekten" auch die "Entlastung der Kernstadt durch die Gründung neuer Städte an der Peripherie."[14]

WIRSCHING beschreibt das ambitionierte Bestreben wie folgt: "So entstanden auf der grünen Wiese am Rand von Paris nicht weniger als fünf 'Villes nouvelles' für insgesamt drei Millionen Einwohner."[15] Die tatsächliche Einwohnerzahl liegt jedoch weit unter dieser angepeilten Zielgröße. 1996 wohnten in den Villes Nouvelles lediglich "etwa eine halbe Million Menschen - das ist nur ein Viertel der seit ihrer

---

[11] KEELING (1995): S 123 ff.
[12] BRÜCHER (1992): S. 64
[13] WIRSCHING (2000): S. 122
[14] PAAL (1996): S. 436
[15] WIRSCHING (2000): S. 124

Gründung beobachteten Bevölkerungszunahme in der Region."[16] Die dynamische Entwicklung im Umland fand entgegen der Erwartungen *außerhalb* der Entlastungsstädte statt. Aus diesem Umland stammen auch die meisten heutigen Pendler der Pariser Region, während die Villes Nouvelles "für 10 ansässige Berufstätige 9 Arbeitsplätze"[17] aufweisen und daher mehr als nur Schlafstädte darstellen.

Mit der notwendigen verkehrlichen Anbindung des Umlandes verbunden war ein gigantisches Investitionsprogramm, das 1969 zur Errichtung der ersten Strecke der neuen Vorortbahn RER (Réseau Express Régional) führte, die heute mit insgesamt sieben Linien das weitgehend innerstädtisch ausgerichtete Metronetz im Personennahverkehr ergänzt.

2.1.2 Die Folgen

Die Abnahme der Wohnbevölkerung in der Kernstadt hat aber kaum keine Entlastung für Paris gebracht. Stattdessen haben sich nur die Problemfelder verlagert. Das massive Eindringen des tertiären Sektors und die gute verkehrliche Anbindung des Umlandes hatten die bereits erwähnten Pendlerbewegungen zur Folge, mit allen bekannten Folgen für die Stadt Paris. "Von den 1,9 Mio. Beschäftigten sind etwa zwei Drittel Einpendler, mit dem Effekt, daß die Tagbevölkerung in Paris-Stadt eine Dichte von 37000 Personen/km², in den zentralen Arrondissements sogar von 110000/km² erreicht."[18]

Die Entlastungsstädte und die RER-Linien haben also eine zusätzliche Belastung der Stadt Paris nicht verhindern können; möglicherweise sind sie sogar eine Ursache der negativen Agglomerationswirkungen. Kritiker behaupten, daß die neuen Zentren nicht weit genug von der Kernstadt entfernt liegen, um eine Entlastung darstellen zu können. "Heute füllt sich der Raum zwischen ihnen und der Stadt Paris auf, so daß sich anstelle einzelner Städte vielmehr eine Mega-Agglomeration entwickelt."[19]

---

[16] PAAL (1996): S. 440
[17] PAAL (1996): S. 440
[18] BRÜCHER (1992): S. 64

Die jüngeren Tendenzen der Stadtentwicklung zeigen sich aber nicht zuletzt in den Veränderungen, die das Zentrum selbst betreffen. Sowohl die Innenstadt von Paris als auch die umliegenden Arrondissements haben oft einen umfangreichen Wandel durchgemacht, der aber in der Intensität von Viertel zu Viertel variiert.

"Parallel zur Expansion und Anbindung der Banlieue erfolgte zweitens die Modernisierung und Umgestaltung des alten Paris, so etwa im Stadtviertel Saint-Germain-de-Prés oder in Les Halles."[20]
Les Halles ist das innerstädtische Gebiet, auf dem sich die alten Markthallen befanden. Die neuen Markhallen stehen jetzt außerhalb von Paris, auf größeren Flächen und besserer Verkehrsanbindung. Das Gebiet Les Halles wirkt heute wie eine eklektische Mischung aus Park, Fußgängerzone und futuristischem Einkaufs- und Erlebniszentrum. BRÜCHER schreibt zum "Umzug" der Markthallen: "Wegen totaler Überlastung und unzureichender Verkehrsanbindung wurden sie in den 70er Jahren auf Anordnung der Regierung abgerissen - ohne daß diese den Stadtrat von Paris auch nur gefragt hätte - und machten Platz für einen unterirdischen Komplex aus RER-Metro-Station, Einkaufszentrum und Parkhaus (Châtelet-Les-Halles)."[21]

Den größten Eindruck im Stadtbild hinterlassen haben aber die großen Projekte, die "Grands Travaux". SIMON bezeichnet sie als "Pharaonenbauten der Ära Mitterand"[22], die vor allem im Pariser Osten einen Gegenpunkt zu den historischen Monumenten im Westen liefern sollten, WIRSCHING spricht von "modernen Monumentalbauten geradezu byzantinischen Ausmaßes."[23]
Die Großprojekte liegen fast ausnahmslos entlang der Ost-West-Magistrale: La Défense, der schon erwähnte Komplex um Les Halles, das Centre Pompidou, der Umbau des Louvre, der zu einem Museum umgewandelte Bahnhof Gare d'Orsay, die neue Oper an der Bastille.[24] Daneben sind neben dem Finanzministerium in Bercy und der Bibliotèque der France (inzwischen nach François Mitterand benannt) noch der Parc de La Villette zu erwähnen. Hier entstand auf den Ruinen eines alten

---

[19] PAAL (1996): S. 440
[20] WIRSCHING (2000): S. 124
[21] BRÜCHER (1992): S. 65
[22] SIMON (2000): S. R3
[23] vgl. WIRSCHING (2000): S. 124
[24] PAAL (1996): S. 438

Schlachthöfen eine Melange aus Kulturzentrum, Erlebnis- und Freizeitpark, mit 3D-Kino und naturwissenschaftlichen Expositionen.

Bedeutende und weithin bekannte Monumente sind weitere Merkmale einer Global City. Paris hat seinen traditionellen, historischen Wahrzeichen erfolgreich neue Attraktionen für Einheimische und Touristen hinzufügen können, auch wenn die "politischen und finanziellen Probleme dieser präsidentiell inspirierten Bautätigkeit" offenkundig und unbestreitbar sind.[25]

2.1.3 Konvergente und divergente Stadtentwicklung in Paris

Die Stadtentwicklung von Paris ist insofern typisch für eine Global City, als daß sie "...mit ihrem urbanisierten Umland mehr und mehr zusammenwächst und eine großstädtische Agglomeration neuen Typs mit insgesamt zehn und mehr Millionen Einwohnern bildet."[26]

Die Stadtentwicklung ist dabei typischerweise sowohl durch konvergente als auch durch divergente Prozesse gekennzeichnet.
Konvergenz zeigt sich vor allem in den Stadtteilen, die durch einen hohen Anteil an Dienstleistungsunternehmen geprägt sind. Eine gutes Beispiel bildet in diesem Zusammenhang der Stadtteil La Défense (siehe auch Kapitel 2.3.2). La Défense wurde als Trabantenstadt geplant. Sie entwickelte sich seit den Anfängen in den fünfziger Jahren von einem Büro- und Geschäftszentrum, das lediglich den Citybereich zwischen Louvre und Oper entlasten sollte, zu einem bevorzugten Standort für Firmen und Banken. Im Jahr 1996 hatten 14 der 20 bedeutendsten französischen Gesellschaften hier ihren Firmensitz.[27] Waren noch in den 70er Jahren die bedeutendsten Banken in einem Umkreis von 500 Metern um die Pariser Oper verdichtet[28], so konzentriert sich die Finanzwirtschaft (von Repräsentationsaufgaben einmal abgesehen) heute weitgehend im neuen Zentrum La Défense.

[25] WIRSCHING (2000): S. 124
[26] WIRSCHING (2000): S. 122
[27] vgl. PAAL (1996): S. 436
[28] vgl. BRÜCHER (1992): S. 61

Eine konvergente Entwicklung läßt sich auch am Beispiel der Gentrification bzw. Yuppiefication beschreiben, die ebenfalls typisch für Global Cities ist. Die historische Bausubstanz bestimmter Viertel wird von öffentlicher oder privater Hand saniert; einerseits um "Stadtverfall und Slumbildung" vorzubeugen[29], andererseits um Wohnraum zu schaffen für die gutverdienenden, höherqualifizierten Arbeitskräfte, die nicht im Umland leben können oder wollen.

Da Paris unter den führenden Weltstädten bei über 20000 Einwohner/km² mit die höchste Einwohnerdichte aufweist, ist die Lage auf dem Wohnungsmarkt von vornherein angespannt. Obwohl sich die Lage seit den 50er Jahren zumindest qualitativ verbessert hat, geschieht dies, wie BRÜCHER feststellt, oft im Kontext einer "fast systematisch anmutenden Sanierung oder Restaurierung heruntergekommener Altbauwohnungen zu teuren Appartements."[30], die sich nur Personen mit hohem Einkommen leisten können.

In Paris zählen dazu nicht nur Manager, Banker oder höhere Beamte, sondern auch Mitglieder der breiten Pariser Trendszene, den "branchés". Den Vormietern, die die höheren Mieten nicht aufbringen können, sind quasi gezwungen, in die Vorstädte (banlieues) des sozialen Wohnungsbaus zu ziehen. Dort kann es dann aufgrund der Bevölkerungsstruktur zu Segregationsprozessen und gewalttätigen Auseinandersetzungen kommen.

Erste Gentificationsvorgänge hat PAAL für das damals heruntergekommene Marais-Viertel beschrieben, in dem Mitte der 60er Jahre die Sanierung begann.[31]
Ein Beispiel aus der heutigen Zeit ist das Viertel Belleville, daß vor allem bei den "brachés" beliebt ist.[32] Nach dem Aufschwung des Gebietes rund um die Bastille erfahren jetzt andere, bisher vernachlässigte Viertel zumindest punktuell eine Aufwertung. Dies sind Zeichen einer divergenten Stadtentwicklung.

---

[29] vgl. PAAL (1996): S. 438
[30] BRÜCHER (1992): S. 63
[31] vgl. PAAL (1996): S. 439
[32] Für eine sehr anschauliche Beschreibung des Stadtteils Belleville vgl. SIMON (2000): S. R3

Festzuhalten bleibt, daß konvergente und divergente Stadtentwicklungsprozesse sich nicht gegenseitig ausschließen, sondern in den meisten Fällen sogar räumlich und zeitlich zusammenfallen.

2.2 Paris als politisches Zentrum

Die politischen Strukturen des Zentralismus werden im Rahmen eines anderen Referats ausführlich behandelt. Deswegen soll hier nur kurz darauf eingegangen werden.

Die Besonderheit von Paris hinsichtlich der politischen Bedeutung liegt in der Konzentration von Regierungsstellen und deren Umfang, die bei weitem die Dimensionen "normaler" Hauptstädte übersteigt.

BRÜCHER schreibt zu diesem Thema: "Innerhalb der Stadtgrenzen von Paris werden gleichzeitig der Staat, die gesamte Provinz, die Region Ile-de-France und natürlich die Stadt selbst verwaltet. Daß die Staatsspitze systembedingt in mehr Bereiche eingreift als in anderen Ländern, führt zu einer zusätzlichen Aufblähung des zentralen Apparates."[33]

Zur politischen Rolle bemerkt WIRSCHING, daß neben dem "Sitz von Regierung, Parlament und Verwaltung" Paris auch "als Fokus und Verstärker nationaler Tendenzen" wirkt.[34]

Daß der Regierungs- und Verwaltungsbereich auch im Bedarf an Flächen, Gebäuden und natürlich auch Arbeitskräften an vorderer Stelle steht, verwundert daher kaum. "Das Ergebnis ist ein riesiges Regierungs- und Verwaltungsviertel zwischen Eiffelturm, Seine und Quartier Latin mit Ausliegern auf der Ile de la Cité und im Bereich des Louvre. Hinzu kommen Behörden und Botschaften zwischen Bois de Boulogne und dem Seine-Mäander wie auch die unzähligen Einrichtungen der Stadt Paris und der sie umgebenden weit über 300 eigenständigen Kommunen."[35]

Insgesamt beschäftigen der öffentliche und der halböffentliche Sektor der Ile-de-France rund ein Viertel aller Erwerbstätigen, in Paris-Stadt sind es fast die Hälfte.

---

[33] BRÜCHER (1992): S. 60
[34] WIRSCHING (2000): S. 122
[35] BRÜCHER (1992): S. 59 f.

2.3 Paris als Wirtschaftszentrum

Paris ist das in (nahezu) jeder Hinsicht dominierende Wirtschaftszentrum
Frankreichs. Auch hier wird die allgegenwärtliche zentralistische Struktur deutlich.
Einen ersten Eindruck gibt der Vergleich der Standortverteilung der jeweils 200
größten Untenehmen in Frankreich und Deutschland (→ Abbildung 2).

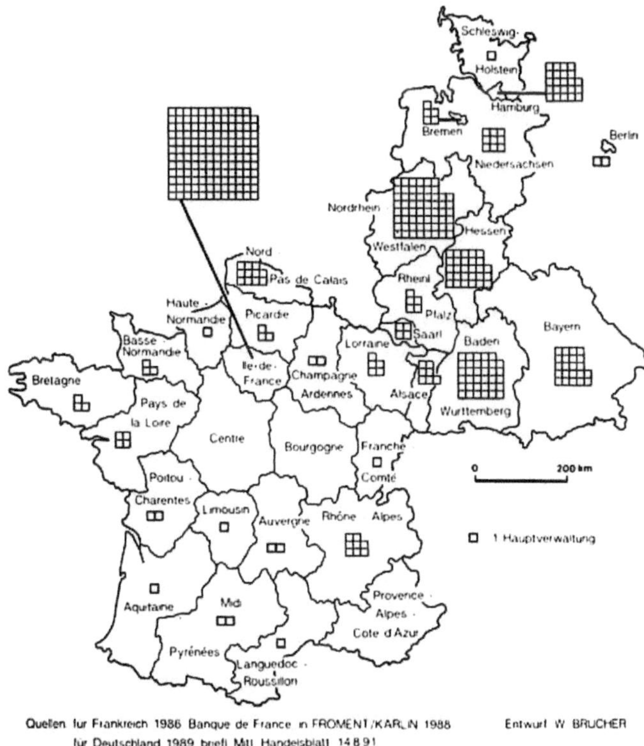

**Abbildung 2: Die Standorte der Hauptverwaltungen der je 200 größten Wirtschaftsunternehmen
in Frankreich und in der Bundesrepublik Deutschland (nach Regionen bzw. Ländern)** [36]

---

[36] Quelle: BRÜCHER (1992): S. 115

In der arbeitsteiligen und vernetzten Gesellschaft sind die standortlichen Anforderungen für Unternehmen aufgeweicht worden. Durch zunehmende Verwendung von Informations- und Kommunikationssystemen (IuK-Systeme) fällt eine räumliche Trennung von Unternehmensfunktionen - z.B. Management und Produktion - immer leichter. Die Unternehmenszentralen besitzen neben Verwaltungsaufgaben in erster Linie eine Repräsentationfunktion. Es verwundert daher nicht, daß Paris der Konzentrationspunkt für die meisten Hauptverwaltungen darstellt; das gilt insbesondere für international tätige Firmen.

Zu einer etwas genaueren Analyse werden drei Wirtschaftssektoren und Hauptantriebskräfte für die Dynamik der Pariser Region und der Ile-de-France betrachtet: Industrie, Dienstleistungen und Tourismus.

2.3.1 Industrie

Paris (bzw. die Region Ile-de-France) ist die mit Abstand größte Industrieballung. Auf 2,2% der Fläche Frankreichs arbeiteten 1987 20,1% aller Industriebeschäftigten, 74% mehr als in der zweitgrößten Industrieregion Rhône-Alpes (8% der Fläche).[37]

Paris ist allerdings nicht nur quantitativ die bedeutendste Industrieagglomeration: Das Branchenspektrum weist vor allem moderne, innovative Wachstumsindustrien mit hoher Wertschöpfung auf, während Grundstoff- oder Produktionsgüterindustrien weitgehend fehlen, die ihrer Fertigungsstätten in der Provinz haben.[38]

Allerdings wäre die Bezeichnung als Industriegebiet für Paris oder die Region Ile-de-France nicht ganz richtig. BRÜCHER (1992) meint dazu: "Obwohl sich hier die mit Abstand größte Industrieballung des Landes gebildet hat, dominieren eindeutig die Erwerbstätigen in den Dienstleistungen, mit über 70% in der Region Ile-de-France, davon fast die Hälfte in Paris-Stadt. Dort untersteht wiederum fast die Hälfte der öffentlichen Hand."[39]

---

[37] vgl. BRÜCHER (1992): S. 62
[38] vgl. BRÜCHER (1992): S. 62
[39] BRÜCHER (1992): S. 59

2.3.2 Dienstleistungen

Der Dienstleistungssektor stellt den wichtigsten Wirtschaftszweig der Ile-de-France dar. Die Bedeutung liegt in Paris noch höher, wenngleich überlagert von dem hohen Anteil staatlich-administrativer Dienstleistungen, deren Produktivität in aller Regel geringer ausfällt als im privatwirtschaftlichen Sektor.

Die wachsende Bedeutung qualitativ hochwertiger Dienstleistungen schlägt sich erwartungsgemäß auch im Stadtbild nieder. Getrieben von dem stetig wachsenden Bedarf an Büroflächen entstanden in vielen Global Cities innenstädtische oder innenstadtnahe Hochhäuser oder Wolkenkratzer, die den CBD (Central Business District) sowohl in funktioneller als auch physiognomischer Betrachtung ausmachen.

Im Unterschied zu anderen Global Cities werden bauliche Veränderungen in den Zentren europäischer (Groß-) Städte ungern vorgenommen, zudem sind diese durch die historische Substanz der Innenstädte vor tiefgreifenden architektonischen Veränderungen oft geschützt. "In Europe urban centres are far more protected and they rarely contain significant stretches of abandoned space; the expansion of workplaces and the need for intelligent buildings necessarily will have to take place partly outside the old centres."[40] Die Ausweichmöglichkeit außerhalb des Zentrums heißt in Paris La Défense.

Zur Expansion der Büroflächen in Paris schreibt SASSEN weiter: "Einen Extremfall bildet hier La Défense, ein riesiger hochmoderner Bürokomplex, der in unmittelbarer Nähe von Paris errichtete wurde, um dem traditionellen Stadtbild keinen Abbruch zu tun. Ein Beispiel für die durchgreifende Regierungspolitik und -planung, die das Ziel verfolgt, dem wachsenden Bedarf an zentral gelegenem erstklassigen Büroraum zu entsprechen."[41]
BRÜCHER formuliert es etwas bildhafter: "Daß der Dienstleistungsbereich ungebrochene Dynamik zeigt, wird vielleicht am deutlichsten in der Anlage von La Défense. Im vornehmen Westen, unmittelbar jenseits der Seine, überragt diese neue

---

[40] SASSEN (1995): S 73

Manhattan-Skyline die traditionelle City, mit der es über die große Ost-West-Magistrale direkt verbunden ist."[42]

Die Struktur im tertiären Sektor ähnelt im Aufbau der im sekundären Sektor. Höherwertige Dienstleistungen sind im Raum Paris konzentriert. Sowohl die absolute Anzahl der höherqualifizierten Beschäftigten als auch die Wachstumsraten sind hier im Vergleich zum Rest des Landes am höchsten (→ Abbildung 3).

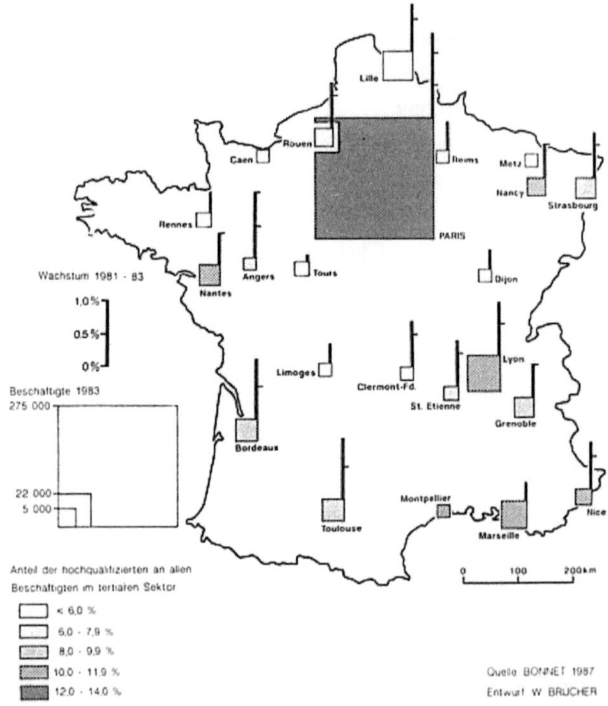

Abbildung 3: Verteilung und Wachstum der hochqualifizierten Beschäftigten im tertiären Sektor[43]

---

[41] SASSEN (1996): S. 131
[42] BRÜCHER (1992): S. 62
[43] Quelle: BRÜCHER (1992): S. 63

Zentralistische Strukturen zeigen sich auch im Handel. Die Region Ile-de-France hat sowohl eine überdurchschnittliche Kaufkraft als auch attraktive Einkaufsmöglichkeiten, vor allem in der Pariser Innenstadt. "Mit ihren Luxus- und Spezialgeschäften, mit traditionsreichen Kaufhäusern, wie 'Galeries Lafayette', 'Samaritaine' oder 'Printemps', gilt sie für die gehobenen Käuferschichten als eine Art 'City der Nation', deren Renommee Käufer aus der ganzen Welt anzieht."[44]

2.3.3 Tourismus

Frankreich ist eines der am meistbesuchten Touristenländer der Welt, wobei ein Großteil naturgemäß auf Paris entfällt. Dieser Umstand "... geht primär auf die Attraktivität des weltstädtischen Flairs, der Denkmäler, Museen, Ausstellungen, Filmpremieren etc. von Paris zurück."[45]

Neben den bekannten Touristenattraktionen sind es in jüngster Zeit auch die Monumente der "Grand Travaux", die die Attraktivität von Paris erhöhen. Projekte wie der Gare d'Orsay, die neue Oper an der Bastille oder die neue Bilbliothek versuchen bei allem Gigantismus auch die kulturelle Seite der Umwandlung der Pariser Stadtviertel nicht ganz zu vergessen.

Doch sind es längst nicht nur kulturinteressierte Reisende, für die Paris eine Reise wert ist, sondern auch Touristen aus Übersee (z.B. Japan), die neben der Stadt selbst auch deren Einkaufsmöglichkeiten nicht vernachlässigen, wenn sie obendrein in den großen Kaufhäusern der Innenstadt die Warenbeschriftungen neben Französisch und Englisch auch in ihrer eigenen Sprache vorfinden.

Familien sollen durch mehrere Themenparks in der östlichen Peripherie von Paris angesprochen werden, vor allem Eurodisney und der Parc Astérix sind hier zu erwähnen.

---

[44] BRÜCHER (1992): S. 60
[45] BRÜCHER (1992): S. 59

2.4 Paris als Finanzzentrum

2.4.1 Eigenschaften und Anforderungen

Kaum ein Wirtschaftszweig hat die Herausforderungen der Globalisierung so schnell aufgenommen und so konsequent umgesetzt wie die Finanzbranche. Die Geschäfte der Banken und Versicherungen finden auf Märkten statt, die in jeder Hinsicht global sind und in den meisten Fällen auch effizient. Die Wettbewerbsgeschwindigkeit dieses Sektors ist wohl so hoch wie in keiner anderen Branche. Dadurch werden schnelle Anpassungen an sich permanent verändernde Rahmenbedingungen notwendig; diese schlagen sich natürlich nicht zuletzt auch in der Physiognomie und Struktur der weltweit bedeutenden Städte der Finanzwirtschaft nieder.

Damit stellt sich die Frage, ob Paris als Finanzzentrum den Rang einer Global City einnimmt oder zumindest in Zukunft erreichen kann.

Paris stellt für COAKLEY dabei kein internationales, sondern "nur" ein regionales Finanzzentrum dar, was er mit dem geringeren Entwicklungsstand von Paris als Finanzplatz begründet: "I employ the term 'international financial centres' to depict the status of centres such as London, New York and Tokyo. [...] In my view the term 'regional financial centre' more graphically captures the position of less developed financial centres such as Paris and Frankfurt within Europe or Singapore in South East Asia."[46]

Zur einer ersten groben Untersuchung der Finanzzentren hinsichtlich ihrer globalen Bedeutung bietet sich ein Vergleich des Umfangs bzw. des Volumens der Kapitalmärkte an, hier beschrieben durch den Marktwert der einzelnen Börsen (Marktkapitalisierung).

Vorauszuschicken ist, daß das Vorhandensein einer Börse allein allerdings noch kein ausreichendes Kriterium für ein bedeutendes, internationales Finanzzentrum darstellt. Diesen Status kann nur eine damit einhergehende große Anzahl

---

[46] COAKLEY (1992): S. 55

(sozusagen eine "kritische Masse") räumlich konzentrierter, international tätiger Banken und Versicherungen für sich beanspruchen. Eine Börse ist in einem solchen Verbund aber ein wichtiges Bindeglied zwischen geld- und realwirtschaftlichem Sektor, da sie für Unternehmen eine wichtige Finanzierungsform erfüllt und so einen Standortvorteil bietet.

2.4.2 Die Bedeutung der Pariser Börse

BUDD / WHIMSTER geben im Hinblick auf die oben skizzierten Eigenschaften der Finanzbranche (forcierter Wettbewerb) zu bedenken, daß die seinerzeit in Europa dominierende Stellung der Londoner Börse für internationale Wertpapiere und Futures keineswegs gesichert sei und prophezeiten, daß neue Konkurrenten für einen harten Wettbewerb sorgen würden: "A global financial system means that any centre may compete in any market: new futures markets and a sharpened international market for equities in Paris and Frankfurt will pose a stiff challenge;..."[47]

Knapp zehn Jahre später stellt sich die Situation der "internationalen" und "regionalen" Finanzzentren wie folgt dar: Mit Ausnahme von Tokyo haben die Börsen aller anderen erfaßten Finanzzentren ihren Marktwert im Juni 2001 gegenüber September 1989 um etwa den Faktor 4,5 - 6,5 erhöht. Der prozentuale Anstieg der New Yorker Börsen ist im Vergleich am größten, gefolgt von den Börsen in Frankfurt, Paris und London. Die Börse Tokyo konnte sich nur geringfügig oberhalb des Niveaus vom September 1989 halten (→ Tabelle 1).

---

[47] BUDD / WHIMSTER (1992): S. 18

Börse	Marktkapitalisierung September 1989 (Mrd. US$)[48]	Marktkapitalisierung Juni 2001 (Mrd. US$)[49]
Tokyo	2.460	2.496
New York[50]	2.088	13.451
London	509	2.374
Frankfurt	179[51]	1.094[52]
Paris	188	991
Euronext[53]	n.a.	1.508 (Mrd €)[54]

Tabelle 1: Die wichtigsten Börsenplätze im Vergleich 1989 und 2001

Die *absoluten* Zahlen dürfen indes nicht überbewertet werden. So ist beispielsweise durch den momentan hohen Außenwert des US-$ das Wachstum der außeramerikanischen Börsen in ihrer Entwicklung unterzeichnet. Von der *Tendenz* her können aber einige Aussagen getroffen werden.

Die New Yorker Börsen haben ihre Stellung als wichtigster globaler Kapitalmarkt weiter ausgebaut. Die Börse Tokyo bzw. die Stadt Tokyo als Finanzmetropole hat dagegen relativ an Bedeutung verloren, nicht zuletzt wegen der Rückschläge an Immobilien- und Aktienmarkt, sondern auch wegen struktureller politischer Krisen.

In Europa ist die Börse London mit Abstand die bedeutendste geblieben, obwohl insbesondere Frankfurt, aber auch Paris den relativen Vorsprung verkleinern konnten. Im September 2000 haben sich die Börsen Paris, Brüssel und Amsterdam zur "Dreiländerbörse" Euronext zusammengeschlossen, mit dem Ziel, "bei der erwarteten Konsolidierung der Handelsplätze in Europa eine führende Rolle einzunehmen."[55] Außerdem wird der Anschluß kleinerer Börsen (z.B. der portugiesischen Börse[56] oder der Börse Warschau, die bereits das französische

---

[48] Daten von COAKLEY (1992): S. 64, verändert
[49] Daten von http://www.onvista.de (Zugriff am 21.06.01) [→Länderprofile / Kapitalmarkt]
[50] einschließlich NASDAQ
[51] Börse Frankfurt
[52] Börse Frankfurt und Regionalbörsen
[53] Zusammenschluß der Börsen Paris, Amsterdam und Brüssel
[54] Daten von http://www.bourse-de-paris.fr (Zugriff am 21.06.01)
[55] Handelsblatt vom 22./23.06.01: S. 27
[56] Handelsblatt vom 22./23.06.01: S. 27

Handelssystem benutzt[57]) an Euronext oder die Aquisition derselben (z.B. Mailand) die Entwicklung zu einer paneuropäischen Handelsplattform forcieren und die damit verbundenen Finanzplätze, allen voran Paris, im europäischen und globalen Wettbewerb zweifellos stärken. Auch die Übernahme der Londoner Börse erscheint in diesem Kontext denkbar, wenn auch den kritisierten "Hegemoniebestrebungen" der Franzosen zunehmend nationale Widerstände entgegenstehen dürften.[58]

Andererseits wird die Bedeutung von Paris als Finanzplatz auch gerne überschätzt. Für internationale Investoren, besonders im angloamerikanischen Raum, ist das Interesse an Firmen, die sich immer noch zum Großteil de facto in Staatsbesitz befinden, denkbar gering.

Als es im Zuge der Euroeinführung und der Errichtung einer Europäischen Zentralbank (EZB bzw. ECB) ging, standen neben Paris auch London und Frankfurt als Standorte zur Debatte. Paris wurden die besten Chancen eingeräumt, da Frankfurt (der heutige Sitz) und London aus verschiedenen Gründen auszuscheiden schienen.
"Equally, the desire of may EC member states to use monetary union as a means of replacing the existing *de facto* deutschmark standard would seem to rule out Frankfurt. This leaves Paris as the only possible major centre for a future ECB. This would give a fillip to its role as a financial centre and correspondingly detract from the status of its two main rivals."[59] Der Sitz der EZB hätte mit Sicherheit eine deutliche Aufwertung von Paris als Finanzzentrum bedeutet, stattdessen konnte sich Frankfurt durchsetzen.

Auch was die sich entwickelden Finanzmärkte in Osteuropa angeht, hat Frankfurt gegenüber Paris offenbar Vorteile, die sich bereits vor Jahren abzeichneten. So steht für COAKLEY fest, daß Deutschlands Finanzmarkt auf jeden Fall von der Öffnung Osteuropas profitieren würde, während die Entwicklung in Frankreich wesentlich von staatlichen Einflüssen abhängig bliebe: "In any event German financial markets are likely to benefit most from the anticipated wave of foreign investment into Eastern Europe in the 1990s. In the meantime Paris can only benefit from the French

---

[57] Frankfurter Allgemeine Zeitung vom 22.06.01: S. 25
[58] vgl. Handelsblatt vom 22./23.06.01: S. 26
[59] COAKLEY (1992): S. 69

government's commitment to the development of information technology ideas, such as the 'smart' plastic card which contains a microchip for storing client information."[60]

3 Fazit

Es bleibt die eingangs gestellte Frage offen, ob Paris als Global City bezeichnet werden kann. Diese Frage eindeutig zu beantworten ist schwer.

Zum einen ist der definitorische Rahmen, was eine Global City ausmacht, nicht besonders explizit, sondern sehr theoretisch und unscharf formuliert. Einen Prototyp der Global City gibt es nicht.

Zum anderen sind die Veränderungsprozesse, die Städte und vor allem Global Cities in jüngerer Vergangenheit ausgesetzt sind, äußerst komplex. Teilweise treffen diese zu; manche sind gar nicht existent. Oft beschränken sich konvergente und divergente Prozesse nur auf einzelne Viertel oder Straßenzüge. Möglicherweise erlebt die gesamte Stadt eine tiefgreifende Veränderung, die aber nicht offenkundig in Erscheinung treten muß, sondern vielleicht nur innere Abläufe ändert, die äußere Struktur aber weitgehend unbeeinflußt läßt.

Ist Paris also eine Global City? Die Antwort darauf kann nur lauten: Ja und Nein.

---

[60] COAKLEY (1992): S. 69 f.

4 Literatur

BRÜCHER, W. (1992): Zentralismus und Raum. Das Beispiel Frankreich. - Stuttgart.

BUDD, L. & WHIMSTER, S. [Hrsg.] (1992): Global Finance & Urban Living. A Study of Metropolitan Change. - London.

CHRISTADLER, M. & UTERWEDDE, H. [Hrsg.] (1999): Länderbericht Frankreich. (Bundeszentrale für politische Bildung - Schriftenreihe Band 360) - Bonn.

COAKLEY, J. (1992): London as an international financial centre. - In: BUDD / WHIMSTER (1992): S. 52 - 72

FRIEDMANN, J. (1995): Where we stand: a decade of world city research. - In: KNOX / TAYLOR (1995): S. 21 - 47

GAEBE, W. (1987): Verdichtungsräume. Strukturen und Prozesse in weltweiten Vergleichen. - Stuttgart.

GIERSCH, H. [Hrsg.] (1995): Urban Agglomeration and Economic Growth. - Berlin u.a.

GRAHAM, S. & MARVIN, S. (1996): Telecommunications and the City. Electronic Spaces, Urban Places. - London, New York.

HOFMEISTER, B. (1996): Die Stadtstruktur: ihre Ausprägung in den verschiedenen Kulturräumen der Erde. - 3. überarb. Aufl. - Darmstadt.

KEELING, D.J. (1995): Transport and the world city paradigm. - In: KNOX / TAYLOR (1995): S. 115 - 131

KING, A.D. (1995): Re-presenting world cities: cultural theory/social practice. - In: KNOX / TAYLOR (1995): S. 215 - 231

KNOX, P.L. & TAYLOR, P.J. [Hrsg.] (1995): World cities in a world-system. - Cambridge.

KOCH, E. (2000): Globalisierung der Wirtschaft. Über Weltkonzerne und Weltpolitik. - München.

KORFF, H.-R. (1996): Globalisierung und Megastadt. Ein Phänomen aus soziologischer Perspektive. - In: Geographische Rundschau 48, Heft 2: S. 120 - 123

O.V. (2001): Die Neuordnung der Börsen kommt in Schwung. - In: Frankfurter Allgemeine Zeitung vom 22.06.01: S. 25

O.V. (2001): Blick aus London: Börsendiplomatie. - In: Handelsblatt vom 22./23.06.01: S. 26

O.V. (2001): Die Börse Euronext kostet etwas weniger als erwartet. - In: Handelsblatt vom 22./23.06.01: S. 27

PAAL, M. (1996): Paris - Urbanismus mit Zukunft? - In: Geographische Rundschau 48, Heft 7/8: S. 436 - 441

SASSEN, S. (1991): The Global City. New York, London, Tokyo. - New York.

SASSEN, S. (1995): On concentration and centrality in the global city. - In: KNOX / TAYLOR (1995): S. 63 - 75

SASSEN, S. (1996): Metropolen des Weltmarktes. Die neue Rolle der Global Cities. - Frankfurt, New York.

SIMON, K. (2000): Das Aschenputtel tröstet sich mit der schönen Aussicht. Proletatier, Emigranten, Chansonniers: Das Stadtviertel Belleville im armen Osten von Paris. - In: Frankfurter Allgemeine Zeitung vom 10.08.00: S. R3

SOHN, A. & WEBER, H. [Hrsg.] (2000): Hauptstädte und Global Cities an der Schwelle zum 21. Jahrhundert - Bochum.

STRATMANN, B. (1999): Stadtentwicklung in globalen Zeiten. Lokale Strategien, städtische Lebensqualität und Globalisierung. - Basel, Boston, Berlin. 413 S.

WIRSCHING, A. (2000): Paris in der Neuzeit (1500-2000). - In: SOHN / WEBER, H. (2000): S. 103 - 128

Internetadressen (Zugriff am 21.06.01)

Börse Paris
http://www.bourse-de-paris.fr

Börse Euronext
http://www.euronext.fr

Onvista
http://www.onvista.de

INSEE
http://www.insee.fr